辞海版

小学生新课标必读文库

森林报·秋

senlinbao qiu

[苏]维·比安基 著
华育方舟 编译

扫码畅听版

上海辞书出版社

前言
QIANYAN

　　书籍是人类进步的阶梯，读一本好书，就如同和一位高尚的人谈话，能让我们增长见识、拓宽视野、改善思维，树立正确的人生观、价值观、世界观。同时，读一本好书，也能让我们陶冶性情，使我们的心灵得到净化。我们每个人都应该多读书、读好书。阅读，不仅是一种学习方式，更应该成为一种生活方式。随时随地阅读，随时随地捧上一本好书，利用各种空闲时间遨游于书的海洋，相信有这样阅读习惯的人，绝不会是一个愚昧无知、令人感到乏味的人。

　　6～12岁，正是孩子读书和学习的黄金年龄。大量阅读不仅可以让他们增长才干，了解中外文化的精深与差异，感悟先贤哲人的独特哲思，也能让他们逐渐认识自我，逐步具备洞察天地的远见卓识。

　　那么，究竟读什么样的书才能让孩子们受益多多呢？《辞海版小学生新课标必读文库》是专门为这一年龄段的孩子打造的一套阅读丛书，汇聚了古今中外的经典名著，以及成语故事、启蒙故事、童话故事和科学常识等，可谓内容完备，非常适合孩子们阅读。

《森林报》是一部专门记载森林大事的著作。它采用报刊的形式，以轻快的笔调，按春、夏、秋、冬一年四季12个月，有层次、有类别地报道了森林中的大事，以及农庄里与城市里的趣闻。森林里的新闻真是一箩筐，麋鹿打架、候鸟搬家、秧鸡徒步返乡……各种树木花草、鸟兽虫鱼都遵循着时令，在各自的领地繁衍生息，上演着一曲曲生命的精彩乐章。其中，《森林报·秋》讲述了9月～11月的森林大事，从候鸟离乡到储备冬粮，再到迎接冬客。动物们都开始为过冬做准备，准备迎接严冬的到来。

《森林报·秋》是一首欢乐的大自然交响曲。孩子们不仅能从这些近似八卦的森林事件中得到欢笑，更能丰富知识，增长见闻。并且，我们会从中发现，每一种生命都是那么活泼与美好，值得我们去探索、去思考、去热爱。

目 录
MULU

No.7 候鸟离乡月

No.8 储备粮食月

No.9 迎接冬客月

森林历

SENLIN LI

NO.1 冬眠苏醒月 —— 3 月 21 日到 4 月 20 日

NO.2 候鸟返乡月 —— 4 月 21 日到 5 月 20 日

NO.3 歌唱舞蹈月 —— 5 月 21 日到 6 月 21 日

NO.4 建造家园月 —— 6 月 21 日到 7 月 20 日

NO.5 雏鸟出世月 —— 7 月 21 日到 8 月 20 日

NO.6 成群结队月 —— 8 月 21 日到 9 月 20 日

NO.7 候鸟离乡月 —— 9 月 21 日到 10 月 20 日

NO.8 储备粮食月 —— 10 月 21 日到 11 月 20 日

NO.9 迎接冬客月 —— 11 月 21 日到 12 月 20 日

NO.10 银路初现月 —— 12 月 21 日到 1 月 20 日

NO.11 忍饥挨饿月 —— 1 月 21 日到 2 月 20 日

NO.12 忍受残冬月 —— 2 月 21 日到 3 月 20 日

No.7

候鸟离乡月

HOUNIAO LIXIANG YUE

gè yuè de huān lè shī piān
12个月的欢乐诗篇

yuè
——9月

9月——愁眉不展的月份！天空中
的乌云越来越密集，风的嘶吼声也越来
越大。秋天的第一个月开始了！

和春天一样，秋天也有自己的工作
计划。不过，和春天相反，秋天的工作
是从空中开始的！树叶开始改变颜色，
从绿色变成红色、黄色、褐色，随着一
阵秋风，它们从枝头飘下来，轻飘飘地
落在地上。不久，森林就会脱掉它华丽

的夏装。森林里的居民们都在做过冬的

zhǔn bèi　　tā men yǒu de bǎ zì
准备。它们有的把自

jǐ guǒ de yán yán shí shí　　yǒu de gān cuì
己裹得严严实实，有的干脆

bǎ zì jǐ cáng qǐ lái　　xǔ duō shēng mìng huó dòng dōu zhōng
把自己藏起来。许多生命活动都中

zhǐ le　　yào děng dào míng nián chūn tiān cái néng kāi shǐ
止了，要等到明年春天才能开始。

　　　dì miàn shang　　gǎi biàn yě zài jìn xíng　　mǒu tiān zǎo chen qǐ chuáng
　　地面上，改变也在进行：某天早晨起床，

nǐ huì hū rán fā xiàn　　qīng cǎo shang yǐ jīng yǒu le bái shuāng　　tiān kōng zhōng
你会忽然发现，青草上已经有了白霜，天空中

yuè lái yuè kōng kuàng　　dì miàn shang yě yuè lái yuè lěng qīng　　lián shuǐ dōu kāi
越来越空旷，地面上也越来越冷清，连水都开

shǐ biàn lěng le　　yú shì　　nǐ zhī dào　　cóng zhè yī tiān qǐ　　qiū tiān zhēn
始变冷了。于是，你知道，从这一天起，秋天真

de dào lái le
的到来了！

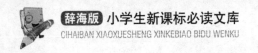

森林通讯员发来的电报

那些身穿华丽服装的鸣禽已经离开了这里，我们没能看到它们出发时的情形，因为它们都是在半夜起飞的。它们之所以选择夜里悄悄地飞走，是因为这样更安全。黑暗中，游隼、老鹰和其他猛禽不会来捉它们。

在候鸟飞行线上，出现了一大批水禽——野鸭、潜鸟、大雁，它们也离开了。

森林里，叶子都黄了。兔妈妈却生下了一窝小兔！这是今年最后一窝小兔子了，我们叫它们"落叶兔"。

离别的歌声

白桦树上的叶子已经掉得差不多了。光秃秃的树干上，一个小小的椋鸟房正在随风晃动，它的主人已经离开了。

远处，椋鸟群正在整装，也许今天，也许明天，它们就要上路了。不知怎么回事，两只椋鸟离开鸟群，朝椋鸟房飞来。雌鸟钻进房里，煞有介事地忙碌起来；雄鸟则站在枝头，向四周望了望，然后唱起歌来。它的歌声很小，好像是专门唱给自己听的。不一会儿，雄鸟的歌唱完了，雌鸟也从房里钻出来。它们绕着椋鸟房飞了一圈，这才急急忙忙朝鸟群飞去。原

来，它们是来告别的。整整一个夏天，它们都住在这所小房子里。明年春天，它们还会回到这里。

几乎每天夜里，都会有一批鸟离开。它们排着整齐的队伍，慢慢飞着，这和春天可不太一样。看来，它们都不愿意离开家乡。至于它们飞走的次序，和来的时候正好相反。那些色彩艳丽、羽毛花哨的鸟最先飞走；而那些在春天时最先回来的燕雀、百灵、鸥鸟则是最后一批离开的。

水晶般的早晨

9月15日，和平常一样，一大早我就起来了，收拾了一下便朝花园走去。

天很蓝，没有一丝云彩。我慢慢地走着。在两棵小云杉中间，我看到了一张银色的蛛网，一只小蜘蛛缩成一团，挂在网中央，一动不动。我不知道，它是在睡觉，还是已经被冻死在这微凉的清晨。于是，我伸出指头小心地碰了它一下。它竟然像一颗小石子一样，沉重地砸在了地上！可是，我看到，它的身子刚一沾地，立刻就跳起来，飞也似的爬进草丛，不见了！好一个会骗人的家伙！

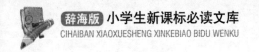

看着还在微微晃动的蛛网，我心想：不知道它会不会再回到这张网上，还是再另外织一张网？织这样一张精巧的网，得花费它多少时间、多少心血啊！

停了一会儿，我接着朝前走去。路边的每一株草上都顶着一颗亮闪闪的露珠，将草地也染成了银色。最后几朵小野菊，耷拉着被露水打湿的裙子，等着太阳给它们温暖。

在纯净的、水晶一样的空气里，不论是五彩缤纷的叶子，还是被露水染成银色的草地、树丛，都是那样美丽，让人快乐。或许，唯一的例外就是那棵粘在一起的、湿淋淋的蒲公英和它脚下那只狼狈的灰蛾子。想想今年夏天，它们是多么神奇啊！那时蒲公英的头上戴着千万朵毛茸茸的降落伞；灰蛾子呢？也曾经光溜溜的，精神百倍！我很可怜这两个小家伙。于是，我弯下腰，摘下那朵蒲公英，又将灰蛾子放在它的上面，好让它们能沐浴在初升的太阳下。

过了好一会儿，它们慢慢地苏醒过来。蒲公英头上的小伞干了，它又变得毛茸茸的了。灰蛾子也恢复了生气。

不远处，一只黑琴鸡正躲在灌木丛里叽里咕噜地叫着。我悄悄地走过去，想从背后看看它是不是还和春天时一样，唱着快乐的歌！可我刚走到灌木丛前，那家伙就扑扇着翅膀，贴着我的脚边飞走了。

这时候，远处传来阵阵喇叭一样的声音——原来是鹤群。它们也离开我们了……

水上旅行

草无精打采地低着头。有名的飞毛腿——秧鸡，已经踏上了离乡的旅程。

在海上的长途飞行线上，矶凫和潜鸭离开天空，来到了水面上，开始了它们的水上旅程。它们就这样游着，游过了湖泊和河流，游离了家乡。

它们甚至不用像野鸭那样，先在水面上抬一下身子，再猛地钻到水里。它们只要微微低一下头，脚蹼使劲儿一划，就钻到了深深的水底。在那里，它们就像在家里一样安全，完全

10

不用担心猛禽的追踪。

是啊，反正它们的飞行本领比那些猛禽差了很多，又何必飞到空中去冒险呢？还是这样吧，游着泳来做一次长途旅行。

蔓越橘熟了

草地上的蔓越橘熟了，隔着老远就能看见它们。可是，却看不到它们长在什么上面。等走到跟前，你才会发现，在青苔上，蜿蜒着一些细细的茎，茎两旁长着一些硬挺挺的小叶子。这就是蔓越橘的家。

秋天美味的口蘑

现在，森林里真凄凉。光秃秃、湿漉漉的，

散发出一股烂树叶的味道！

　　或许，唯一能给人安慰的就是口蘑。它们有的一堆堆、一簇簇爬满了树墩子、树干，有的三两成群，散布在草地上。

　　这会儿，它们那淡褐色的小帽子还绷得紧紧的，下面围着一条白色的小围巾。整个帽子上都是细细的小鳞片，看上去让人非常舒服。过不了几天，小帽子的边就会翘起来，变成一顶真正的帽子，而小围巾则会变成一条小领子。

　　如果你想享用这秋天的美味，你一定得熟知它们的特征。因为把毒蕈错认为口蘑是常有的事！不过，如果你掌握了它们的特征，就简单多了。比如，毒蕈的帽子下都没有领子，蕈帽上没有鳞片。

chéng shì xīn wén
城市新闻

fēi qù de hé liú xià de
飞去的和留下的

zhù zài chéng jiāo de rén men　　chà bu duō měi tiān yè lǐ dōu huì tīng
住在城郊的人们，差不多每天夜里都会听

dào sāo rǎo shēng　wǎng wǎng shuì de zhèng xiāng　　jiù tū rán tīng dào yuàn zi li
到骚扰声，往往睡得正香，就突然听到院子里

nào hōng hōng de　　rén men cóng chuáng shang pá qǐ lái　　bǎ tóu shēn dào chuāng
闹哄哄的。人们从床上爬起来，把头伸到窗

hu wài guān kàn　　zhǐ jiàn nà xiē jiā qín dōu zài shǐ jìnr　　de pū da zhe chì
户外观看。只见那些家禽都在使劲儿地扑打着翅

bǎng　　jī ji gā gā de luàn jiào　　chū le shén me luàn zi　　shì huáng shǔ
膀，唧唧嘎嘎地乱叫。出了什么乱子？是黄鼠

láng lái chī tā men le　　hái shi yǒu hú li zuān jìn le yuàn zi　　kě shì
狼来吃它们了，还是有狐狸钻进了院子？可是，

zài shí tou quān chéng de wéi qiáng li　　zài zhuāng zhe dà tiě mén de yuàn zi
在石头圈成的围墙里，在装着大铁门的院子

li　　yòu zěn me huì yǒu huáng shǔ láng hé hú li pǎo jìn lái ne
里，又怎么会有黄鼠狼和狐狸跑进来呢？

zhǔ rén men pī shàng dà yī　　zài yuàn zi li zhuàn le yī quān　　yòu
主人们披上大衣，在院子里转了一圈，又

jiǎn chá le yī xià wéi jiā qín de zhà lan　　yī qiè dōu zhèng cháng
检查了一下围家禽的栅栏，一切都正常！

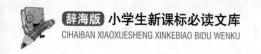
huò xǔ　　gāng cái tā men zhǐ shì zài zuò è mèng　xiàn zài bù shì dōu
或许，刚才它们只是在做噩梦。现在不是都

yǐ jīng ān jìng xià lái le ma　　yú shì　zhǔ rén huí dào wū li　ān xīn
已经安静下来了吗？于是，主人回到屋里，安心

shuì jiào qù le　　kě zhǐ guò le yī gè zhōng tóu　yuàn zi li yòu jī ji
睡觉去了。可只过了一个钟头，院子里又唧唧

gā gā de chǎo le qǐ lái
嘎嘎地吵了起来。

　　dào dǐ shì zěn me huí shì a
　　到底是怎么回事啊？

　　　　zhǔ rén men dǎ kāi chuāng zi　hēi qī qī de tiān kōng zhōng　zhǐ yǒu
　　主人们打开窗子。黑漆漆的天空中，只有

xīng xing fā chū wēi ruò de guāng　kě shì　guò le yī huìr　yè kōng
星星发出微弱的光。可是，过了一会儿，夜空

zhōng lüè guò yī xiē qí xíng guài zhuàng de yǐng zi　yī gè jiē yī gè　bǎ
中掠过一些奇形怪状的影子，一个接一个，把

xīng xing dōu zhē zhù le　tóng shí hái chuán lái yī zhèn qīng qīng de　duàn duàn
星星都遮住了！同时还传来一阵轻轻的、断断

xù xù de jiào shēng　zhè shí　zhǔ rén men cái míng bai guò lái　yuán lái shì
续续的叫声。这时，主人们才明白过来，原来是

qiān xǐ de niǎo qún
迁徙的鸟群。

　　tā men zài hēi àn zhōng fā chū zhào huàn　hǎo xiàng zài shuō　　shàng
　　它们在黑暗中发出召唤，好像在说："上

lù ba　　lí kāi hán lěng hé jī è　　shàng lù ba
路吧！离开寒冷和饥饿！上路吧！"

　　suǒ yǒu de jiā qín dōu xǐng le guò lái　tā men shēn cháng bó zi
　　所有的家禽都醒了过来。它们伸长脖子，

14

拍打着笨重的翅膀，望着黑暗的天空中那些自由的兄弟。

过了好一会儿，空中的影子已经消失在远方，叫声也听不见了。可院子里那些早已经忘记怎样飞行的家禽，却还在不停地叫着，那叫声又苦闷，又悲凉。

它们都飞去哪儿

你是不是以为所有的鸟儿都是在差不多的时间，从北方飞到南方去过冬的？才不是呢！

不同的鸟儿飞走的时间也各不相同。大多数选择夜里出发，这样更安全一些，但也有些专门在大白天出发。有些走得早点儿，有些要等到没有吃的了才走。有些是从北方飞往南

方，但也有些是从东方飞往西方，有些正好相反，从西方飞往东方！而我们这儿的一些鸟，则一直向北，飞到遥远的北方去过冬！

从西向东

早在8月份，红色的朱雀就从波罗的海、列宁格勒和诺甫戈罗德动身，踏上了迁徙的旅程。它们从容不迫地飞着，反正到处都是吃的，到处都可以休息，况且又不是赶回故乡去生儿育女。

它们向着东方，飞过伏尔加河，飞过乌拉尔山。现在，它们正飞向巴拉巴——西伯利亚草原的西部。它们从一片丛林到另一片丛林，不停地飞着，飞着。

大多数时间，它们都是选择夜里起飞，白天则休息、吃东西。即便这样，悲惨的事情还是会随时发生——一个不留神，就会被老鹰或大隼捉去一两只。在西伯利亚，到处都是猛禽，雀鹰、燕隼什么的，它们飞得快极了，那些小鸟根本没有机会躲避！

从东往西

每年秋天，从奥涅加湖上，总会浮起大片"乌云"和"白云"，那是夏天时出生的野鸭和鸥。现在，它们要离开这里向西飞行，飞到它们的越冬地去了。

一路上，它们也会遇到许多危险。这不，在一个小湖边，它们刚想休息一会儿，突然，一

只游隼蹿了出来，伸出锋利得如同尖刀一样的利爪，抓起一只野鸭飞向了高高的天空。

这只游隼不是偶然出现在这里的，而是从奥涅加湖一直跟过来的。吃饱了的时候，它就会蹲在岩石或大树上，看着野鸭群在不远处休息。可只要肚子一饿，它就立刻冲出来，逮一只野鸭来填肚子。

一路上，它就这样跟着野鸭群，飞过列宁格勒、飞过芬兰湾、飞过拉脱维亚，一直飞到大不列颠岛。在那儿，野鸭群停下来了，它们准备留在那里过冬。而那个可恶的强盗呢？则跟着别的野鸭群向南飞去。

在集体农庄里

粮食都收割完了，田野里空荡荡的。

铺满峡谷和山坡的亚麻，经过风吹日晒，已经变软了。现在，该把它们收起来，搬到打谷场上，剥下皮抽取纤维了。

集体农庄的庄员们又把最后一批卷心菜装上大车。现在，菜园里也空了。

只有秋播的庄稼还发出绿油油的光。

用什么来征服沟壑

田里出现了一些沟壑，并且越来越大，已经危害到田地了。于是，我们专门召开了队会，

讨论怎样才能不让这些沟壑扩大。其实，办法我们都知道，就是在沟壑周围栽上树，树根固定住土壤，沟壑就不会再扩大了。

这次队会是春天开的。现在，在我们这儿的苗圃里，已经培育出了成千上万棵白杨树苗，以及许多藤蔓灌木和槐树。我们的任务就是帮助大人们将这些树苗移栽到沟壑边。

过不了几年，这些树木就会把沟壑完全征服的。

采集种子

现在，有很多树木都结了种子。这时候，最要紧的就是多采集这些种子，送到苗圃里，培育成树木，绿化我们的家园。

在这个月里，我们需要采集的种子很多，有苹果树的、野梨树的、红接骨木树的、皂荚树的、板栗树的、沙棘树的、丁香树的，等等。

小云杉的新居

冬天，田里所有的道路都被大雪埋了起来。

于是，人们不得不砍下许多小云杉，将它们拦在道路上，免得道路被雪掩埋。或者将它们插在路上作为路标，省得行人在雪中迷路。

我们想：每年都要砍掉那么多小云杉，多可惜啊！为什么不在道路两边种上活的小云杉呢？于是，我们从森林边挖了许多小云杉，运到道路两旁，栽了下去。现在，这些小云杉住在它们的新居，迅速地生长起来了。

农庄新闻

精选好母鸡

昨天，在突击队员集体农庄的养鸡场，庄员们精心挑出一些好母鸡，将它们交给专家去鉴定。

专家捉起一只鸡，那是一只长嘴巴、小身子的母鸡。它睁着两只小眼睛，傻乎乎地盯着专家，好像在说："为什么要抓我啊？"

专家把这只母鸡交给一个庄员，说："拿回去吧，这种母鸡我们不需要。"

接着，他又抓起另外一只母鸡。那只母鸡嘴巴短短的，脑袋宽宽的，鲜红的冠子歪到一边，两只眼睛亮晶晶地闪着光。它在专家的手里一面拼命地挣扎，一面乱叫着，好像在说："不要打扰我，赶快撒手放我回去，我还要捉虫子吃呢。"

"这只不错。"专家说，"它一定会下很多鸡蛋的。"

原来，母鸡也要精神饱满、精力充沛的才会好好下蛋啊！

鲤鱼苗搬家

春天，鲤鱼妈妈在一个小池塘里产下了卵。现在，这些卵全部变成了小鲤鱼苗，足足有70万条！那个小池塘里除了鲤鱼一家，并没有其他的住户。可半个月后，小鲤鱼苗还是觉得拥挤

了。于是，它们便搬到了大池塘里。在那里，它们度过了炎热的夏天，个头儿也长大了。现在，小鲤鱼们正准备搬到冬天的池塘里。等过了这个冬天，它们就会长成大孩子了。

周日新闻

孩子们正帮朝霞集体农庄的庄员们收作物：冬油菜、芜菁、胡萝卜和香芹菜。他们发现，那些作物大得让人吃惊。芜菁，比他们的头还要大。而胡萝卜，竟然和他们的膝盖一样高，根部则比一条手臂还要粗！

"如果在古时候，这个胡萝卜根一定能用来打仗，"葛娜说，"距离远时，用芜菁做手榴弹。近身战时，就用这个根敲敌人的脑袋！"

shòu liè
狩猎

10 月 15 日，报上宣布，猎兔开始了。车站上又挤满了猎人，很多人的身边还带着猎犬。所有的人都在为即将到来的围猎做准备。

今年，我们准备到朋友塞索伊奇那儿围猎兔子。我们一行共12人，占了车厢里的三个小间。我们的同伴中有个大胖子，体重足足有150千克。他刚一上车，就吸引了所有乘客的目光。其实，胖子并不是猎人，他只不过是遵循医生的嘱咐去散步的，因为这对他的身体有好处。不过，对于射击他倒是很在行，打靶时，我们都不如他。为了使自己的散步更有趣，他这才

决定和我们去围猎。

傍晚，我们在一个小车站见到了塞索伊奇。

在他那儿休息了一个晚上后，第二天天刚亮，我们就出发了。和我们一起去的还有个集体农庄的庄员，他是这次围猎的呐喊人。

我们在森林边停下来。塞索伊奇把12个小纸条丢在帽子里，让我们12个射击手按次序抽签。谁抽到几号，就站在几号的位置上。我抽到了6号，胖子则抽到了7号。塞索伊奇安排我在指定的位置站好后，便去教这个新猎手一些围猎的规矩：不能沿着狙击线开枪，不然会打到旁边的人；围猎呐喊人的声音迫近时，要停止射击；不许伤害雌兽；要等信号才能开枪。

胖子离我大约60步远，我听到塞索伊奇正在教训他："你干吗往灌木丛里钻？这样不方便开枪。你得跟灌木丛并排站着，兔子是往下瞧的。你把腿拉开点儿，这样，兔子就会把你的腿当成木墩子的。"教训完胖子，塞索伊奇跳上马，到森林外面去布置围猎的人。

时间过得真慢，我瞅瞅胖子，他正不停地换着双腿，也许是想把腿叉得更像树墩子吧。

就在这时，从森林外传来又长又响的号角声——这是推进的信号！胖子举起猎枪，一动也不动。

就在这时，我的右面已经响起了枪声，别人都

开始射击了。可是我还没开枪呢，因为没有什么东西向我这边跑过来。胖子也开枪了，可随着他的枪声，两只琴鸡从树枝上飞走了。

周围传来围猎呐喊人低沉的呼应声，其中还掺杂着手杖敲击树干的声音，赶鸟器也呜呜地响起来。突然，一个白里带灰的东西从树干后掠过，朝我冲过来！是一只还没有换完毛的兔子！"嘿！看我的！"我兴奋地端起枪。可那个小鬼却猛地拐了个弯，朝胖子那边蹿过去！

"哎呀，胖子，你怎么慢腾腾的？赶快开枪啊！""砰！"枪响了。没打中！兔子朝那两条木墩子似的粗腿蹿去！胖子赶紧把两腿一夹，难道有人用腿捉兔子吗？兔子从胖子的两腿中间蹿过去了，胖子庞大的身躯整个扑倒在

地。我笑得眼泪都流下来了。胖子慢慢地站起来，我朝他喊道："没摔伤吧？"

"没关系。"胖子摇摇头，又伸开手，里面有一团白毛，他说，"看！我把它的尾巴尖儿给夹下来了！"听了这话，我笑得更厉害了。

射击已经停止了。猎手都从自己的位置跑过来，每个人手里都拎着猎物！在塞索伊奇的催促下，我们这一大群人往回走去。一辆大车满载着猎物跟在我们身后。胖子也坐在车上，他已经累得喘不过气来了。可是，其他人并不打算放过这个倒霉的家伙，冷嘲热讽像雨点儿似的洒向他："大叔，挺厉害的嘛！"

"用腿夹兔子，了不起！"

"这么胖，衣服里一定塞满了野味吧？"

就在这时，一只大黑松鸡从前面的拐角处飞起来，从我们的眼前飞向远处。胖子端起枪，猎枪握在那双火腿般的胳膊上，就像一根小手杖。他开枪了，随着枪响，那只大鸟就像一块大木头一样，从空中跌了下来。

"真利落！"一个农庄庄员说，"看来是个神枪手啊！"

我们这些猎人都不吭声了。胖子拾起那只松鸡，这是今天收获的最好的猎物。现在，没有人再嘲笑胖子了。甚至他怎样用腿捉兔子，大伙儿都忘了！

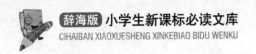

林中大战（完结）

　　我们的通讯员终于找到了这么一块地方，在那里，林木种族之间的战争已经结束了。这时，距离战争开始的时间整整过去了100年。关于这场战争的结果，我们的通讯员是这样记录的。

　　大批的云杉在与白杨树和白桦树的战争中死去了，但最终占领砍伐地的还是它们。它们比敌人年轻，生命力惊人，很快就超过了那些年老力衰的白杨树和白桦树，把毛茸茸的手掌伸到它们的头顶上，支起一个巨大的帐篷。失去阳光的照射，白杨树和白桦树很快便死去了。没有了敌人的阻挠，这些云杉长得更快了。它们下面的树荫越来越暗，越来越黑，又一座阴森森的老云杉林耸立起来了！在那里，没有鸟儿唱歌，也没有野兽出没。各种各样偶然出现的绿色小植物，也都难以逃脱死亡的命运。

就在这时，我们的通讯员得到了一个新消息：今年冬天，这片阴森的云杉林就会被砍掉，明年，这里将变成一片新的砍伐地，到那时，林木种族之间的战争将重新开始。不过，这回我们可不允许这样的事情发生了，我们将干涉这场战争，把一些新的树种移到这里来。我们将密切关注它们的生长。必要的时候，我们会在帐篷顶上开几扇窗，让阳光照进来。到那时，一年四季，鸟儿都将在这里歌唱。

无线电通报：呼叫东西南北

这里是《森林报》编辑部。今天是9月22日——秋分。我们继续用无线电交换报告各地的情形。苔原、森林、草原、沙漠，请你们讲讲，现在，你们那里是什么情况？

这里是乌拉尔原始森林

我们正忙着迎来送往。每天，都会有大批的鸟从北方飞过来，什么野鸭啊，雁啊，它们都是路过我们这儿的，休息一下，吃点儿东西，然后就上路，并不会做过多的停留。而夏天住在我们这里的鸟，也都忙着收拾行装，寻找那

yǒu yáng guāng de
有阳光的、

wēn nuǎn de dì
温暖的地

fang qù guò dōng
方去过冬。

xiǎo shòu men yě méi xián zhe   tā men
小兽们也没闲着。它们

gēn zài wǒ men shēn hòu   máng zhe zhǔn bèi guò dōng de liáng
跟在我们身后，忙着准备过冬的粮

shi   bèi shang zhǎng zhe hēi sè tiáo wén de xiǎo jīn huā
食。背上长着黑色条纹的小金花

shǔ   bǎ xǔ duō jiān guǒ tuō dào le shù dūn zi xià de
鼠，把许多坚果拖到了树墩子下的

wō li   chèn wǒ men bù zhù yì   tā hái tōu zǒu le
窝里。趁我们不注意，它还偷走了

xǔ duō kuí huā zǐ   jiāng tā de cāng kù zhuāng de mǎn mǎn de
许多葵花籽，将它的仓库装得满满的。

zōng hóng sè de sōng shǔ zhèng máng zhe jiāng mó gu chuān zài shù zhī shang
棕红色的松鼠正忙着将蘑菇穿在树枝上

shài gān   cháng wěi shǔ   duǎn wěi shǔ   shuǐ lǎo shǔ   dōu zài zhǔn bèi gè shì
晒干。长尾鼠、短尾鼠、水老鼠，都在准备各式

gè yàng de gǔ lì   tián mǎn tā men de cāng kù   xīng yā yě zài bān yùn jiān
各样的谷粒，填满它们的仓库。星鸦也在搬运坚

guǒ   yù bèi dōng tiān de shí hou chī
果，预备冬天的时候吃。

这里是乌克兰草原

我们这里，现在正是打猎的好时候。沼泽地里，各种各样的水禽挤在一起，有本地的，也有路过的。小峡谷里，聚集着一群群肥肥的小鹌鹑。草原上到处都是兔子——全是披着棕红色皮毛的大灰兔。我们这里没有白兔。当然，狐狸和狼也多得很。你想用枪打，就用枪打；愿意放猎狗捉，就放猎狗捉吧！

在城里的水果市场上，西瓜、香瓜、苹果、梨、李子等，堆得像小山一样。

这里是中亚细亚沙漠

我们这里正过节，因为暑热已经消退了。雨不停地下着，草又变绿了，那些藏了一个夏天

36

的动物也出现了。甲虫、蚂蚁、蜘蛛都从地下钻了出来，细爪子的金花鼠也从深洞里探出头；拖着一条长尾巴的跳鼠从这儿跳到那儿，再从那儿跳回这儿；夏眠的巨蟒醒了过来，开始忙着捕捉猎物；草原狐、沙漠猫、快腿的黑尾羚羊，都出来了，鸟儿也飞来了。现在，这里又像春天一样，到处都是绿色，充满了生机。

这里是雅马尔半岛

我们这儿什么都结束了。夏天，这里曾经是热闹的鸟儿的集市，现在却连一声鸟叫也听不到了。雁呀、野鸭呀、鸥呀、乌鸦呀，都飞走了。周围一片静寂，只是偶尔会传来一阵可怕的骨头撞击的声音，那是雄鹿用角在搏斗。

水也已经被冰封了起来，捕鱼船和机动船早都开走了。轮船不过耽误了几天，就被困在了冰里，只好委托笨重的破冰船在坚冰上为它开出一条路。白昼越来越短，漫长而冰冷的黑夜马上就要来临了。

这里是帕米尔山

我们这里，在同一个时间，既有夏天，又有冬天。山下是夏天，山顶是冬天。

可现在，秋天来了。冬天开始从山顶往下走，连带着把山上的生命都赶了下来。

首先是野山羊，夏天，它们住在寒冷的峭壁上。可现在，那里所有的植物都死于严寒，它们没有东西可吃了，只好离开了那里。

夏天，在高山牧场，到处都是肥大的土拨鼠。现在，它们全都躲进了深深的地下洞穴，用草将洞口堵了起来。反正，它们已经准备了足够的粮食！

还有公鹿、母鹿、野猪，它们也都下来了。

山下的溪谷里，突然出现了许多鸟儿——角百灵、山鹑，它们都是从遥远的北方飞到我们这儿过冬的。在这里，它们根本不用担心挨饿，因为到处都是吃的！

田里，人们正在采棉花。果园里，各种各样的水果也熟了。

这里是海洋

我们正穿过北冰洋的冰原，进入太平洋。

一路上，我们常碰到鲸，其中有一头鲸，不是露脊鲸，就是鲱鲸，身长足足有20米！仅是它的大嘴巴，就可以容得下一艘木船！要是做一架天平，把这头鲸放在上面。那么，为了让天平平衡，另一头就得差不多站上大大小小1000个人！或许，这样也不够！

可是，它还不是最大的！我们还遇到过一头蓝鲸，有30多米长，100多吨重！即使一条大轮船也会被它拖进海里！

当然，还有别的。在白令海峡，我们见过海狗；在铜岛附近，我们见过一些海獭，它们正带着小海獭游玩；在勘察加的岸边，我们还见到了一些巨大的海驴。可比起那些鲸，这些海兽都显得太小了！

No.8
储备粮食月
CHUBEI LIANGSHI YUE

gè yuè de huān lè shī piān
12个月的欢乐诗篇

—— 10月

10月，落叶和泥泞主宰了世界！西风吼叫着，从树上扯下最后一批叶子。连绵的秋雨中，一只浑身湿淋淋的乌鸦百无聊赖地蹲在篱笆上，它也快要动身了。

秋天已经完成了它的第一个任务——给森林脱衣裳。现在，它开始执行第二个任务：把水变凉。早晨，水面上出现了一层松脆的薄冰。过不了多久，它们就会全部被冰封起来，和空中一样，水里的生命也越来越少。夏天曾经在水面上盛开的花儿，已经把长长的花茎缩到水

下。鱼儿也躲到了深深的

泥底，准备在那里

过冬。大地上也更

冷清了：老鼠、蜈

蚣、蜘蛛都不知藏

到哪儿去了；蛇爬进

干燥的深坑里，盘成一

团，一动也不动；癞蛤蟆钻

进烂泥里，蜥蜴躲到树皮底下，都冬眠了！

在这个秋风肆虐、秋雨扰人的月份里，我

们将迎来七种不同的天气：播种

天、落叶天、破坏天、泥泞

天、怒号天、阴雨天

和打扫天。

森林大事典

赶快准备好过冬

寒气越来越重，森林里的每一个居民，都在按照自己的方式准备过冬。野鼠直接在柴火垛或粮食垛下挖了个洞，每一个洞都有五六条通道，每个通道都通向一个洞穴。每天夜里，野鼠就通过这些通道，将粮食运到自己的仓库里。

短耳朵的水老鼠，从小河边的别墅搬到了草场上。在那里，它已经为自己建好了一座又暖和又舒服的住宅。在草场上，至少有好几条通道都一直通到这座住宅里。卧室被安排在一个大大的草墩子下，里面铺着柔软、暖和的草。储

44

藏室在最里面，和卧室连在一起。那儿收拾得很干净，井井有条。水老鼠把偷来的五谷、蚕豆、葱头和马铃薯，按严格的秩序分门别类，堆放得整整齐齐。

松鼠也收拾出一个树洞当作仓库，把在林子中收集来的小坚果藏在里面。它还采了许多蘑菇，把它们穿在折断的树枝上晒干，留着冬

_{tiān dāng diǎn xīn chī}
天当点心吃。

_{zǎo zài xià tiān}
早在夏天，

_{jī fēng biàn gěi tā de yòu}
姬蜂便给它的幼

_{chóng zhǎo hǎo le chǔ cáng shì   nà}
虫找好了储藏室，那

_{shì yī tiáo yòu féi yòu dà de hú}
是一条又肥又大的蝴

_{dié yòu chóng   tā zhèng zài tān lán de chī shù yè   jī fēng}
蝶幼虫，它正在贪婪地吃树叶。姬蜂

_{pū guò qù   bǎ wěi ba shang de jiān cì zhā jìn yòu chóng de pí fū}
扑过去，把尾巴上的尖刺扎进幼虫的皮肤

_{li   zài yòu chóng de shēn tǐ shang zuān le gè xiǎo dòng   bǎ luǎn chǎn zài zhè}
里，在幼虫的身体上钻了个小洞，把卵产在这

_{ge dòng li   suí hòu   tā biàn fēi zǒu le}
个洞里。随后，它便飞走了。

_{hú dié yòu chóng bìng méi yǒu chá jué chū yǒu shén me bù duì   hái zài}
蝴蝶幼虫并没有察觉出有什么不对，还在

_{dà kǒu chī zhe shù yè   qiū tiān dào le   hú dié yòu chóng jié le jiǎn}
大口吃着树叶。秋天到了，蝴蝶幼虫结了茧，

_{biàn chéng le yǒng   zhè shí   jī fēng de yòu chóng yě cóng luǎn li fū chū lái}
变成了蛹。这时，姬蜂的幼虫也从卵里孵出来

_{le   tā duǒ zài zhè ge jiān gù de jiǎn li   yòu nuǎn huo yòu ān quán   ér}
了。它躲在这个坚固的茧里，又暖和又安全。而

_{nà ge pàng pàng de hú dié yǒng   jiù shì tā de měi cān   zú gòu tā chī}
那个胖胖的蝴蝶蛹，就是它的美餐，足够它吃

上整整一年！等到夏天再来到的时候，茧被打开，一只身子细长的姬蜂就会从里面飞出来了。

不过，并不是所有的动物都用心地给自己建造储藏室。许多居民甚至什么也没准备，因为它们的身体就是个储藏室。在食物丰富的那几个月里，它们放开肚皮，大吃特吃，将自己养得胖胖的，浑身上下堆满脂肪。然后，在冬天来临时，它们开始倒头大睡，一直睡到春天。这段时间，它们身体所需要的全部养料都来自那身厚厚的脂肪。熊、獾和蝙蝠等都选择这个办法过冬。

在这些动物忙着储存粮食的时候，植物也没有闲着。那些一年生的草本植物，已经播下了它们的种子，有的甚至已经发了芽，比如荠菜、香母草、犁头菜和三色堇。还有赤杨、白桦

和榛子树，它们也已经准备好了葇荑花序。明年春天，这些葇荑花序只要挺直身子，把鳞片张开，就能开花了。

贼偷贼

森林里的猫头鹰是个有名的小偷。它长着钩子一样的嘴巴，又大又圆的眼睛即使在漆黑的夜里也能看得清清楚楚。老鼠在枯草堆里刚一动，就已经在它的爪子下丢了性命。小兔子从林子中的空地跑过，可还没跑出一半，也被这个家伙的利爪带到了半空！

就这样，一个夏天，许多小动物丧生在这个家伙的爪子下。它把那些吃不完的猎物统统放到树洞里，留着冬天找不到食物的时候吃。

为了保护这些食物，猫头鹰白天总是待在树洞里，只有夜里才出去猎食。可即使这样，它还是发现，自己的食物在变少！到底是谁，竟然偷到猫头鹰的头上了？

这一天，猫头鹰又出去猎食了。等它回来时，发现又少了一只老鼠。树底下，一只灰色的小野兽正窜向远方，嘴里还叼着一只小老鼠！猫头鹰立刻追了过去，可快到跟前时，它突然停住了！原来，那个小偷是伶鼬。它个头儿虽小，但勇敢灵活。要是不小心被它咬住，就是猫头鹰也休想挣脱了！

夏天又回来了吗

这个月里，天气反复无常，一会儿冷，一会

儿热的。冷起来，寒风刺骨；可突然之间，又会变得暖和起来。

天暖和的时候，黄澄澄的蒲公英和樱草花从草丛里探出头来；蝴蝶三五成群，在林间飞舞；蚊虫成群结队，在空中盘旋。不知打哪儿飞来一只小巧的鹪鹩，站在枝头唱起歌来，那歌声是那么热情、那么嘹亮！

难道说，夏天又回来了吗？

可不是吗！池塘里的冰都化了！于是，集体农庄的庄员们决定把池塘整理一番。他们拿来铁锹，从池底挖出许多淤泥，摊在那里，然后便离开了。

太阳暖暖地照着。突然，一团淤泥动了起来，从里面露出一条小尾巴，在地上扭动着。

扭着扭着，"扑通"一声，又跳回了池塘。紧接

着，第二团、第三团都跟着跳了进去！

那边，还有一些淤泥团，可是，从里面伸

出来的不是小尾巴，而是一条小细腿！

原来，这不是淤泥团，而是浑身裹满烂泥

的小鲫鱼和小青蛙。它们本来是钻到池底过冬

的，庄员们却把它们连同淤泥一起挖出来了。现

在，太阳一晒，它们都醒了过来。鲫鱼跳回了池

塘。青蛙却不这么想，还是再找个更清净的地方

吧，免得睡得稀里糊涂时，再被人给挖出来。

于是，这几十只青蛙像商量好似的，朝着

大路的方向跳去。在大路的另一边，隔着打麦

场，有一个更大、更深的池塘！

很快，它们跳过了大路。可是，秋天的太阳

是靠不住的，突然就变了天，一片片乌云涌过来，遮住了太阳，寒冷的北风刮起来了，这些赤身裸体的小家伙被冻得直打哆嗦。它们用尽全身的力气向前跳着，可还是抵挡不住刺骨的寒风。不一会儿，它们便被冻僵了！

松鼠最爱什么

每到夏天，松鼠都会采集好多坚果，留着冬天吃。我就亲眼见过一只松鼠，从云杉上摘下一个大球果，拖到了它的树洞里。

后来，我们把那棵云杉砍倒，把松鼠从树洞里掏了出来，并把它带回了家。我们拿来许多球果喂它，发现在所有的球果里，松鼠最爱吃的是榛子和核桃。

我的小鸭子

那天，妈妈将三个鸭蛋放到一只母吐绶鸡的身子下。四个星期后，吐绶鸡孵出了好几只小吐绶鸡和三只小鸭子。开始，妈妈将它们养在暖和的窝里。后来，小家伙们长大了一些，妈妈便将它们放了出去。

在我家附近有一条小水沟。小鸭子一出门，便"扑通，扑通"跳了进去，游起水来。母吐绶鸡急坏了，在水沟边大喊大叫。好半天，它见小鸭子们游得都挺自在的，这才放心地带着小吐绶鸡走开了。

过了一会儿，小鸭子们可能觉得冷了，从水里爬出来，却找不到地方取暖。于是，我把它们捉起来，用手帕擦干，带回了屋子里。

cóng nà yǐ hòu   měi tiān zǎo chen   wǒ dōu huì bǎ zhè sān zhī xiǎo yā
从那以后，每天早晨，我都会把这三只小鸭

zi fàng dào xiǎo shuǐ gōu li   zhí dào tā men jué de lěng le   tiào shàng àn
子放到小水沟里，直到它们觉得冷了，跳上岸

lái   wǒ zài bǎ tā men dài huí jiā
来，我再把它们带回家。

kuài dào qiū tiān de shí hou   zhè xiē xiǎo yā zi zhǎng dà le   wǒ
快到秋天的时候，这些小鸭子长大了，我

yě yào qù chéng li shàng xué le   wǒ zhēn shě bu de lí kāi tā men   tīng
也要去城里上学了，我真舍不得离开它们。听

mā ma shuō   wǒ zǒu zhī hòu   tā men lǎo shì jiào huan   dào chù zhǎo wǒ
妈妈说，我走之后，它们老是叫唤，到处找我。

tīng le zhè xiē   wǒ de yǎn lèi dōu rěn bù zhù liú xià lái le
听了这些，我的眼泪都忍不住流下来了。

xīng yā zhī mí
星鸦之谜

zài wǒ men zhèr   de sēn lín li   yǒu yī zhǒng wū yā   gè tóur
在我们这儿的森林里，有一种乌鸦，个头

bǐ pǔ tōng de wū yā xiǎo yī xiē   quán shēn dài bān diǎn   wǒ men jiào tā
儿比普通的乌鸦小一些，全身带斑点，我们叫它

xīng yā   yī dào qiū tiān   tā men jiù huì mǎn shù lín fēi zhe   shōu jí sōng
星鸦。一到秋天，它们就会满树林飞着，收集松

zǐ   cáng zài shù dòng li huò shù gēn dǐ xia   dào le dōng tiān   xīng yā kāi
子，藏在树洞里或树根底下。到了冬天，星鸦开

shǐ cóng zhè piàn lín zi yóu dàng dào nà piàn lín zi   yòu cóng nà piàn lín zi yóu
始从这片林子游荡到那片林子，又从那片林子游

荡到这片林子，享用着这些美食。

不过，每一只星鸦享用的，都不是它自己储藏下来的粮食，而是其他伙伴储藏的。可是，它是怎么找到那些粮食的呢？藏在树洞里的还好找些，只要挨个儿找就行。可藏在树根底下或灌木丛里的，它们是怎么找到的呢？要知道，到了冬天，大雪把所有东西都盖住了，到处都是白茫茫的，它们怎么知道哪棵树下藏着松子呢？

这些我们还不知道。不过，我们已经决定要做一些实验，来弄明白星鸦究竟是用什么办法找到别的同伴储藏的粮食的。

害怕的小白兔

现在，树上的叶子都掉光了，森林里变得

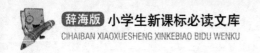

光秃秃的。一只小白兔躺在灌木丛下，把身子紧紧地贴在地上，东张西望。它很害怕，因为周围老是传来窸窸窣窣的响声。是老鹰扑扇翅膀，还是狐狸踩在了落叶上？或者是猎人正悄悄地走过来？

怎么办？跳起来逃命吧！可是，往哪儿跑呢？风吹着枯树叶沙沙作响，这会儿，就是自己的脚步声也会把自己吓坏的！

于是，这只小兔子只有继续躺在灌木丛里，一动不动，连大气也不敢出。周围又响起了窸窸窣窣的声音，好可怕啊！

"女妖的扫帚"

现在，很多树木都变得光秃秃的，可以看

到许多夏天看不到的东西了！瞧，那儿有一棵

白桦树，远远望去，上面好像布满了乌鸦巢。

可走近一看，根本不是什么乌鸦巢，而是一束束

伸向四面八方、黑不溜秋的细树枝，我们叫它

"女妖的扫帚"。

想想我们听过的那些关于女妖或巫婆的童

话吧！她们长相恐怖，经常骑着一把长长的

扫帚，在空中飞来飞去。"不论是巫婆还是女

妖，都离不开扫帚。所以，她们便在树木上涂

了药，让那些树木的树枝上长出一把把扫帚。"

几乎每个讲童话的人都会这么说。

这种说法对吗？当然不对了！事实上，树

木上之所以长出扫帚，是因为它们生病了！这

种病往往是由一种小扁虱或是某种菌类引起

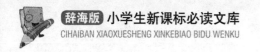

的。这种扁虱又小又轻，随着风四处飘荡，飘到一棵树上，就找一个小芽钻进去，靠吸食芽里的汁液为生。这么一来，那个芽就生病了。

等发育的季节一到，它便以神奇的速度生长起来，能比那些普通的芽快上六七倍！

等到那个病芽发育成一根嫩枝的时候，扁虱的孩子也出生了。它们钻进这根嫩枝的侧枝，继续吸食它们的汁液，使那些侧枝又生出侧枝。于是，在原来只有一个芽的地方，便生出了一把"扫帚"。

另外，如果寄生菌的孢子钻到树木的芽里，在那里生长发育的时候，也会产生同样的现象。

不单单是白桦树，赤杨、山毛榉、松树、冷

杉、云杉和其他许许多多乔木或灌木上，都可能有"女妖的扫帚"。

活的纪念碑

现在，正是种树的时候。这是一项快乐而富有意义的活动，因此，就是孩子们也不甘落后。他们小心地把冬眠中的小树挖出来，移植到新的地方。等到春天，小树从冬眠中醒来，马上就会开始生长。所以，每一个栽种过或是照料过小树的孩子，哪怕他只栽种过或照料过一棵小树，也是在为自己树立纪念碑——一座活着的纪念碑。

在集体农庄里

现在，在集体农庄里，拖拉机不再轰轰作响，亚麻的分类也即将结束。最后一批载着亚麻的货车，正陆陆续续向车站驶去。

这个时候，集体农庄的庄员们开始考虑一些新问题。选种站已经为各个集体农庄培育了优良的黑麦和小麦种子，或者，明年就应该选用这些种子了。

还有，虽然田里的工作少了，但家里的工作却增多了。首先就是牲畜，是把它们赶进牲畜栏圈起来的时候了。另外，虽然打山鹑的季节已经过去，但兔子已经肥了，所以，那些有枪的庄员们也开始做打兔子的准备了。

打开养鸡场的电灯

白天越来越短，胜利集体农庄的庄员们决定，把养鸡场的电灯打开，将养鸡场照亮，好让那些鸡多一些散步和吃东西的时间。

来自集体农庄的报道

果园里，庄员们正在忙着修剪苹果树。在入冬以前，需要把它们都收拾干净。人们首先要做的就是取下挂在苹果树上的那些苔藓，因为有害虫藏在里面。然后，他们又在苹果树的树干上涂上石灰，这样，苹果树就不会再生虫子，也不会被太阳晒伤了。不久，所有的苹果

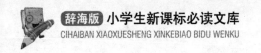
树都会穿上雪白的衣裳，变得整齐而又漂亮。

适合百岁老人采的蘑菇

在黎明集体农庄，有一位一百岁的老婆婆，名叫阿库丽娜。那天，我们《森林报》的记者去采访她，谁知，她却不在家。别人告诉我们，阿库丽娜老婆婆采蘑菇去了。

不久，阿库丽娜老婆婆回来了，背上还背着满满一口袋口蘑。她告诉我们："那些单独生长的蘑菇，我已经找不到了，因为眼睛不行了。可我采回来的这种蘑菇，什么地方只要有一个，就有成百上千个，因为它们是成片生长的。另外，它们还有一个习惯，就是喜欢往树墩子上爬，好让自己更显眼一些。"所以说，这种蘑菇最适合一百岁的老婆婆采了。

最后一次播种

在劳动者集体农庄，庄员们正在播种，他们把莴苣、葱、胡萝卜和香芹的种子，均匀地撒在土里。天气很凉，土里当然也很凉了。这不，工作队队长的孙女不干了。她说，她听到种子都在抱怨呢："天这么冷，我们就是不发芽。你们要是爱发，那就自己发去吧！"

听了孙女的话，队长笑了。原来，这些种子虽然今年不会发芽，但明年春天一到，就会早早地发芽。到那时，人们就能早一点儿收获莴苣、葱、胡萝卜和香芹了。这不是更好吗？

城市新闻

在动物园

鸟兽们已经从夏天的露天宅院搬到了冬天的住宅里。住宅里生着火，暖暖和和的。所以，没有一只野兽打算冬眠。

奇怪的"小飞机"

这些天，总有一些奇怪的"小飞机"，在城市的上空盘旋。

人们站在街心，惊讶地注视着这些飞行部队，互相询问着："看见了吗？"

"看见了。可怎么没有螺旋桨的声音啊？"

"是不是因为飞得太高了？"

"就是它们降低了，你也不会听见螺旋桨的声音的。"

"为什么呀？"

"因为它们根本就没有螺旋桨。"

"这是一种新飞机吧？要么为什么没有螺旋桨呢？知道它们的型号吗？"

"雕！"

"哪有'雕'型的飞机啊？"

"我是说它们是雕！"

"什么？列宁格勒哪里来的雕啊？"

"这是金雕，它们只是路过这里的，还要往南飞呢！"

"哦，原来是这样！啊，这回我也看清楚

了，那些真的是雕！不过话说回来，它们可真像飞机！"

奇形怪状的野鸭

这段时间，在涅瓦河的斯密特中尉桥、彼得罗巴甫洛夫斯克要塞附近以及其他许多地方，经常出现许多颜色各异、奇形怪状的野鸭。其中，有像乌鸦一样黑的鸥海番鸭，有翅膀上生着白斑的斑脸海番鸭，有尾巴直直的像小棍子一样的杂色长尾鸭，还有黑白相间的鹊鸭。

都市里的喧哗，它们一点儿也不害怕。甚至那些巨大的蒸汽轮船迎风破浪向它们冲去的时候，它们也不惊慌，只是往水里一钻，一个猛子扎到远一点儿的地方，然后再钻出水面，好像什么事也没发生一样。

这些野鸭都是迁徙线上的旅客。每年春天和秋天，它们都要路过列宁格勒，歇歇脚。等到拉多牙湖中的冰块漂到涅瓦河的时候，它们就会离开，继续南飞。

最后一次旅行

随着秋天的到来，水也变凉了。老鳗鱼开始动身，作最后一次旅行。它们从涅瓦河起身，经过芬兰湾、波罗的海和北海，游到深深的大西洋里。

这些老鳗鱼，在河里生活了一辈子，现在，它们来到几千米深的海洋里，寻找自己的墓地。不过，在临死之前，它们还有一个任务——

chǎn luǎn
产卵。

hǎi dǐ shēn chù bìng bù xiàng wǒ men xiǎng de nà me hēi nà me
海底深处并不像我们想的那么黑、那么

lěng lǎo mán yú jiù jiāng luǎn chǎn zài nà lǐ
冷。老鳗鱼就将卵产在那里。

bù jiǔ luǎn jiù huì biàn chéng yī tiáo tiáo xiàng shuǐ jīng yī yàng tòu míng
不久，卵就会变成一条条像水晶一样透明

de xiǎo mán yú rán hòu tā men jí hé chéng qún kāi shǐ shēng mìng
的小鳗鱼。然后，它们集合成群，开始生命

zhōng de dì yī cì cháng tú lǚ xíng
中的第一次长途旅行。

tā men jiāng chuān yuè dà xī yáng jīng guò běi hǎi bō luó dì hǎi
它们将穿越大西洋，经过北海、波罗的海

hé fēn lán wān huí dào niè wǎ hé zhè shí jù lí tā men lí kāi yǐ
和芬兰湾，回到涅瓦河。这时，距离它们离开已

jīng guò qù sān nián le yǐ hòu de màn cháng rì zi li tā men jiāng dāi
经过去三年了。以后的漫长日子里，它们将待

zài niè wǎ hé li zhí dào zhǎng chéng dà mán yú lǎo mán yú rán hòu
在涅瓦河里，直到长成大鳗鱼、老鳗鱼，然后

kāi shǐ dòng shēn jì xù chóng fù tā men de fù bèi zǔ bèi suǒ zuò guo
开始动身，继续重复它们的父辈、祖辈所做过

de shì qing
的事情。

shòu liè
狩猎

带着猎狗去打猎

一个微凉的早晨，猎人背着枪出了村子。

在他的身后，是两只壮实的猎狗。

来到树林边，猎人唿哨一声，两只猎狗便蹿进灌木丛，消失了踪影。猎人则沿着树林边，悄悄向前走着。他专找那些刚好迈得开步子的小路走，因为这些小路是野兽走惯了的。

不一会儿，猎人来到灌木丛对面的一个大树墩后，他的眼前是一条小路，一直延伸到下面的小山谷里。就在这时，传来了猎狗的叫声。最先发出声音的是那只叫多贝华依的老猎狗，它的

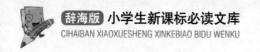
叫声低沉而沙哑。紧接着，年轻的扎利华依也

"汪汪"地叫起来。猎人马上明白了，它们找

到了兔子！现在，它们正低着头，嗅着兔子的

足迹往前追呢。猎人端起了枪。可是，猎狗的

叫声却渐渐远了。哎呀，真是两个傻瓜！前面

山谷里一闪而过的、披着棕红色皮毛的，不就

是兔子吗？它肯定是在绕圈子呢！不过没关系，

猎狗肯定还会把它赶回树林的！

要知道，多贝华依可是一条经验丰富的老猎

狗，只要发现了猎物的踪迹，就绝不会放过。猎

人干脆停住了脚步。反正兔子早晚都会被赶到

这条小路上来的，还是在这儿等着吧。

突然，叫声停了。但只一会儿，便又响了

起来。可是，这是怎么回事啊？怎么一个在东

边，一个在西边呢？猎人竖起耳朵，叫声又停止了。现在，林子里真安静！

突然，多贝华依又叫起来。可这次的叫声和刚刚完全不一样，激烈得多，也沙哑得多。随后，扎利华依也叫起来，那叫声又尖利，又刺耳，上气不接下气。猎人知道，它们准是发现了别的野兽！是什么呢？不过，肯定不是兔子！八成是……

猎人想着，急忙把枪里的子弹退出来，换上了大号的霰弹。

猎人看见一只兔子从林子里蹿出来，蹿到田野里去了，可他并没有举枪。

狗叫声越来越近，也越来越狂暴……突然，一个火红的身影从林子里蹿出，径直朝猎

人冲了过来！猎人举起了枪！那身影一个急转身，往右一拐。已经晚了！"砰"的一声，枪响了！飞散的霰弹中，一只火红的狐狸被抛到了空中，随后又重重地摔到了地上！

地下的搏斗

在距离我们集体农庄不远的树林里，有个出名的獾洞。谁也不知道，这个洞是什么时候出现的。它虽然叫作"洞"，实际上却是一座几乎被獾挖通了的山岗，里面纵横交错，形成了一个完整的地下交通网。

塞索伊奇带我去看了那个"洞"。我围着它转了一圈，一共发现了63个洞口，这还不算那些隐藏在灌木丛里、从外面根本看不出来的洞口。谁都看得出来，这座宽敞的地下隐蔽所里不仅仅有獾，还有别的住户。因为在几个入口处，我们发现了许多鸡和兔子的骨头。这可不是獾干的！它从不捉鸡和兔子。况且，獾很爱干净，从来不把吃剩下的食物乱丢。所以，我们可以很肯定地说：这里还住着狐狸！它们狡猾、邋遢，最爱吃的就是鸡和兔子！塞索伊奇告诉我，猎人们花了好些力气，想把獾和狐狸挖出来，可总是白费力气。

"真搞不懂，它们到底跑到哪儿去了！"塞索伊奇说，"我看，明天我们还是拿烟熏吧，看能不能把它们熏出来！"

第二天一大早，塞索伊奇、我，还有一位集体农庄的庄员，拿着铁锹，背着猎枪，一起来到了那座山岗。我们先挖了好多土，将那些分散在各处的洞口都堵上了，只留下两个没堵，山岗下一个，山岗上一个。接着，我们搬来许多树枝，堆在下面那个洞口。随后，我和塞索伊奇爬上山岗，躲在上面那个洞口附近。

这时，那个庄员点燃了下面的树枝，刺鼻的浓烟冒了起来，随着风吹进了那个洞口。我和塞索伊奇趴在灌木丛里，焦急地等待着，想看到底谁先从洞里蹿出来。是狡猾的狐狸，还是肥肥胖胖的獾？可是，我俩等了很久，除了浓烟，洞口什么也没有。嘿！它们还真有耐性！这时，我们的"烧炉工人"又找来许多树枝堆在火堆上，烟更浓了，已经飘到了我们这边，熏得我直流眼泪！可我不敢眨眼，更不敢抹眼泪。谁知道，野兽会不会趁我抹眼泪的时候蹿出来逃走呢？又等了好久，胳膊都酸了，还是没有野兽出来。

"你觉得它们是不是被烟熏死了？"在回去的路上，塞索伊奇问我。可还没等我回答，他便接着说："当然不是。老弟，它们没有被熏死！

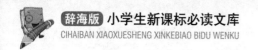
烟是往上升的，可它们，肯定早就钻到深深的地下去了！谁知道，那个洞到底有多深呢？"

"也许应该弄一只灵缇或是猎狐梗来。"

我对塞索伊奇说，"这两种猎狗都很凶猛，可以钻到洞里把野兽撵出来。"

塞索伊奇一听兴奋极了，央求我无论如何也要给他弄这样一只猎狗来。我答应帮他想想办法。不久，我有事去列宁格勒，一个熟识的猎人将他心爱的灵缇借给了我。我立刻赶回农庄。谁知，塞索伊奇一见到那只灵缇，竟然朝我发起火来。

"你怎么啦！带来这么一只小老鼠！别说是老獾，就是小狐狸崽子，也能把它咬死吐出来！"

的确，灵缇的外表很滑稽，又小又丑，四条歪歪扭扭的小短腿，好像站都站不直。可是，当塞索伊奇大大咧咧地把手伸向它的时候，这个小家伙恶狠狠地张开大嘴，向他猛扑过去！塞索伊奇赶忙闪到一旁，接着便嘿嘿地笑起来："好家伙，可真够凶的！"

于是，我们立即拿起猎枪，朝那座山岗走去。我们刚走到山岗前，灵缇就吼叫着冲进了黑咕隆咚的地洞里。我和塞索伊奇握着猎枪在洞外等着。那洞深极了，站在外面什么也看不见。我忽然有些担心：万一灵缇出不来，我还有什么脸面去见它的主人呢？

就在我胡思乱想的时候，地下传来响亮的狗叫声。虽然有一层厚厚的泥土隔着，我们依然听得很清楚。看来，灵缇已经发现猎物了。我们

仔细听着，那叫声一会儿远，一会儿近，持续了好一会儿，却突然停止了。我们知道，灵缇一定是追上了猎物，正和它厮杀呢！

直到这个时候，我才忽然意识到：通常这样打猎时，猎人会带上铁锹，等猎狗在地下和敌人一交战，便动手挖它们上面的土，以便在猎狗失利的时候帮助它们！可现在，在这个不知道有多深的洞里，我们怎么给它帮助？怎么办？灵缇一定会死在洞里的！谁知道里面究竟有多少野兽啊！忽然，又传来几声闷声闷气的狗叫。可是，我还没来得及高兴，所有的声音都消失了！

过了好久，塞索伊奇懊恼地说："老弟，咱俩可是干了件糊涂事！它一定是遇到狐狸或老獾了！”说到这儿，塞索伊奇迟疑了一下，“怎么样？走呢，还是再等会儿？”

他的话音还没落，突然从一个洞口传来一阵窸窸窣窣的声音。一条尖尖的尾巴从洞里伸出来，接着是两条弯曲的后腿和长长的身子，上面沾满泥土和血迹！

是灵缇！我们高兴地奔过去。这时，灵缇已经从洞里钻出来了！嘴里还拖着一只肥胖的老獾！看样子，已经死去多时了！

No.9

迎接冬客月

YINGJIE DONGKE YUE

12个月的欢乐诗篇
——11月

11月——秋冬参半月！在这个月份，秋天开始做它的第三项工作：给水戴上枷锁，再用雪把大地盖起来。现在，河面上亮闪闪的，冰已经把水封了起来。但是，如果你走过去，轻轻地踩它一下，它就会"咔嚓"一声裂开，把你拽进冰冷的水里。

雪也没有闲着，所有的翻耕田都盖上了一层雪被。不过，现在还不是冬天，只是冬的前奏曲。几个阴天以后，太阳会出来一会儿。树木已经沉睡了，要等到明年春天才能醒来。

森林大事典
sēn lín dà shì diǎn

依旧热闹的森林
yī jiù rè nao de sēn lín

呼啸的寒风在森林里肆虐，光秃秃的白桦树、赤杨树随着寒风不停地左摇右摆，最后一批候鸟匆匆忙忙地离开了故乡。

现在，树枝上没有一片树叶，地面上没有一株青草，太阳懒洋洋地躲在灰色的乌云后，甚至不愿意将它的脸露出来。多么凄凉的景

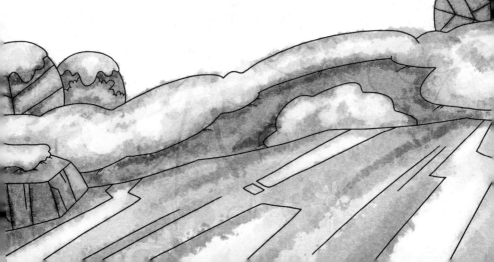

色啊！

　　突然，在黑色的沼泽地上，开出许多五光十色的"花儿"。那些"花儿"大得出奇，有白色的、红色的、绿色的，还有金黄色的。它们有的落在赤杨的枝上，有的粘在白桦的树皮上，还有的散落在草地上，在阳光的照耀下闪烁着夺目的光彩。

　　突然，这些"花儿"动了起来，从这棵树跑到那棵树，从这片树林飞到那片树林。原来是我们的冬客到了！

　　瞧，红胸脯、红脑袋的朱顶雀，烟灰色的太平鸟，深红色的松雀，绿色的交嘴雀，黄羽毛的金翅雀，还有胖乎乎的小灰雀……它们都是从寒冷的北方飞到我们这儿过冬的。是啊，鸟儿也各有各的习惯：有的愿意飞到印度、埃及，或者飞到美国、意大利去过冬，可有的却宁愿来到我们列宁格勒！在我们这儿，冬天，它们照样觉得很暖和，并且每一只都能吃得饱饱的。因为我们这儿即使是冬天也有的是松子、云杉和其他树的浆果。

当然，并不是所有的"客人"都来自北方。你看，那在矮小的柳树上婉转啼叫着的、长着花瓣似的小白翅膀的白山雀就是从东方来的。它们飞过风雪咆哮的西伯利亚，越过山峦重叠的乌拉尔，飞到我们这儿来了。它们要在这里待整整一个冬天，直到明年春暖花开的时候才返回故乡。

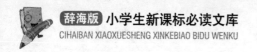

该睡觉了

乌云遮住了太阳，天空中纷纷扬扬飘起了雪花。一只肥胖的獾，呼哧呼哧地向自己的洞口走去。它的心里很不痛快：森林里又泥泞，又潮湿。看来，应该早一点儿钻到干燥、整洁的沙洞里去睡懒觉了！

雪越来越大，一只老乌鸦站在树顶上，"哇哇"地大叫起来。原来，在不远处，有一具冻僵的动物尸体！随着它的叫声，飞出了许多乌鸦，一起向那具动物尸体飞去！吃完了这顿美餐，它们也该休息了。

现在，林子中一片寂静，灰色的雪花落在树枝上，落在草地上，不一会儿，到处都变成了灰蒙蒙的。在这层灰色的雪被下，大地也开

shǐ chén shuì
始沉睡……

最后的飞行

11 月已经快过完了，天却变得暖和起来，只是积雪并没有融化。

一天早晨，我出去散步，看见到处都是黑色的小蚊虫，它们有气无力地扇动着翅膀，在空中画出一个半圆，然后侧着身子落到雪地上。

午后，太阳光强烈了些，雪开始融化。一团团又湿又冷的雪团从树枝上掉下来。这时候，不知从哪儿又钻出来许多小苍蝇，也是黑黑的。它们贴着地面，兴高采烈地舞动着。它们是从哪儿来的？夏天时我怎么从来也没有见过它们呢？我有些想不明白。

晚上，天又凉了下去，那些小蚊虫和小苍蝇都不见了。

貂与松鼠的追逐游戏

这个月份，许多松鼠从北方搬到了我们这儿的森林里。它们坐在松树上，用后爪抓住树枝，前爪捧着松果大嚼着。突然，有只松鼠一不小心让手里的松果掉了下去。它蹿下树干，朝那颗松果追去。就在这时，从一堆枯树枝里露出一个小脑袋和两只锐利的小眼睛，是貂！松鼠立刻放弃了追逐松果，转身蹿上了一棵大树。

在它身后，貂也顺着树干飞快地向上爬去。松鼠跳上了另一棵大树，貂当然不甘心，它把细细的身子缩成一团，脊背弯成弧形，纵身一跳，也跳上了那棵大树。松鼠沿着树干飞跑起来，貂在它身后紧紧地跟着……这样的游戏整个冬天都在上演。有时，松鼠会逃脱；有时，貂会胜利。

兔子的诡计

半夜里，一只灰兔子偷偷地钻进了果园。小苹果树的皮又脆又甜，吃多少都不够！快到早晨的时候，这只灰兔子已经在啃第二棵小苹果树了。雪落在它的头上，它也不理会，只是一个劲儿地大嚼着。

村子里的公鸡已经叫了三遍，狗也"汪汪"地狂吠起来。这时，灰兔子才清醒过来：天亮了！好在这会儿人们还没有起床，赶紧趁

这个机会跑回森林吧。可是，下了一夜的雪，到处都是白茫茫的，它那身棕灰色的皮毛隔得老远都能看到。灰兔子不禁羡慕起白兔子来，现在它们可是浑身雪白的呀！可话说回来，就是白兔子也不行啊！周围都是积雪，印上去的每一个脚印、每一个爪痕，都可以看得清清楚楚。哎，不管了，还是先跑吧！灰兔子蹿出了果园，飞快地跑过田野，穿过森林。在它的身后是一串清晰的脚印。这可怎么办哪？脚印会把自

已暴露出来的。于是，灰兔子只好使起计策：把

自己的脚印弄乱。

这时，村子里的人已经醒了。园主人来到果

园一看——我的天哪！那两棵顶好的小苹果树都

被啃掉了皮！他又往树底下一瞧，立刻恍然大

悟，那儿有许多兔子的脚印！园主人生气地举

起拳头，回到屋里，带着猎枪出了家门。

他跟着脚印一直追到森林，追到灌木丛。

在那儿，兔子围着灌木转了两圈，然后横穿过

自己的脚印，不见了！这是怎么回事？周围全是

雪地，就是它用力蹿到别处，也应该看得到啊！

园主人弯下腰，仔细察看那些脚印。哈哈，原来

兔子顺着自己的脚印回去了！它每一步都准确地

踩在自己原来的脚印上，不仔细看，还真是看

不出来呢！于是，园主人顺着脚印往回走去，走着走着，咦？怎么又回到田野里来了。这么说，自己并没有识破兔子的诡计。他转过身，又顺着那双层的脚印走了回去。哈哈，原来如此！只见这些脚印只有一段，再往前又是单层的了！看来，它是从这儿跳到一边去了。果然，顺着脚印的方向，一直走到灌木丛，脚印又变成了双层。等越过灌木丛，又变回了单层！这个狡猾的家伙，就这么一路回旋着、跳跃着前进呢！

前面又是一个灌木丛，脚印没了，它

准是藏进灌木丛了！这回，一定要抓住你！

园主人弯下腰，可什么也没有！他又猜错了。兔子躲在附近不假，可它并没有进灌木丛，而是藏到了一堆枯树枝下面。它缩在那儿，偷偷抬起头，两只穿着毡靴的脚从它的眼前走了过去。兔子悄悄从隐蔽的地方钻出来，箭一样蹿过灌木丛，没影了！最后，园主人只好垂头丧气地回家去了。

去问熊吧

为了躲避寒风的侵袭，熊喜欢把自己的家安在低洼的地方，甚至是沼泽地或云杉林里。

可是有一件事很奇怪，那就是：如果这个冬天不太冷，那么所有的熊都会把它们的家安在

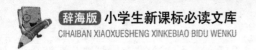

高高的土丘或小山岗上。这件事是经过几代猎人查证过的。

这里面的道理其实很简单：因为如果冬天不太冷，雪就会融化，而熊最怕的就是融雪天。你想，一股股融化的雪水顺着山坡一直往下流，流到低洼的熊洞里，流到它的肚皮底下。然后天气又忽然变冷，雪水重新结成冰，将它那毛茸茸的皮外套冻成一块铁板，那可怎么办呢？那时它就顾不上睡觉了，只能跳起来满森林乱跑，活动冻僵的身体。可是如果不睡觉，又不停地运动，很快就会把身体里储存的热量消耗干净的！到那时候，只有吃东西才能补充体力了！可是在冬天的森林里，一片死寂，到哪里去找食物呢？正是因为如此，所以如果预见到这个冬天会很暖和，熊就会给自己挑个高一点儿的地方做窝，免得在融雪天变成一块不停跳跃的"铁板"！

可是，它们是怎么知道这个冬天是暖和还是寒冷呢？这个我们还不知道。要是你想弄明白，就请你钻到熊洞里去问问熊吧！

不速之客

我们这儿的森林里又来了一个不速之客，要想见到它可不太容易。夜里太黑，什么也看不见。白天呢？又不能把它和雪区分开。这很简单，因为它全身都披着白色的羽毛，它的名字叫雪鸮，是从北极来的。它的个头儿和猫头鹰差不多，只是力气稍微小些，只能捉那些飞鸟、

lǎo shǔ hé tù zi
老鼠和兔子。

xiàn zài　　tā de gù xiāng dào chù dōu shì bīng xuě　　tiān lěng de yào
现在，它的故乡到处都是冰雪，天冷得要

mìng　　nà xiē xiǎo dòng wù men dōu cáng dào le shēn shēn de dòng li　　niǎo er
命，那些小动物们都藏到了深深的洞里，鸟儿

yě dōu fēi zǒu le　　tā méi yǒu chī de le　　zhǐ hǎo fēi dào wǒ men zhè
也都飞走了。它没有吃的了，只好飞到我们这

lǐ　　děng míng nián chūn tiān zài huí qù
里，等明年春天再回去。

zhuó mù niǎo de dǎ tiě chǎng
啄木鸟的打铁场

zài wǒ men cài yuán de hòu miàn　　yǒu xǔ duō bái yáng shù hé bái huà
在我们菜园的后面，有许多白杨树和白桦

shù　　hái yǒu yī kē yǐ jīng hěn lǎo hěn lǎo de yún shān　　shàng miàn hái guà
树，还有一棵已经很老很老的云杉，上面还挂

zhe jǐ gè qiú guǒ
着几个球果。

zhè tiān　　fēi lái yī zhī wǔ cǎi zhuó mù niǎo　　tā shì lái chī yún
这天，飞来一只五彩啄木鸟，它是来吃云

shān qiú guǒ de　　tā luò zài shù zhī shang　　shēn chū cháng cháng de zuǐ ba zhuó
杉球果的。它落在树枝上，伸出长长的嘴巴啄

xià yī gè qiú guǒ　　bǎ tā sāi jìn shù gàn de liè fèng li　　jiē zhe　　tā
下一个球果，把它塞进树干的裂缝里。接着，它

kāi shǐ yòng zuǐ ba bù tíng de qiāo dǎ zhè ge qiú guǒ　　zhí dào bǎ lǐ miàn
开始用嘴巴不停地敲打这个球果，直到把里面

的果仁啄出来，这才把这个球果丢下，去啄食另一个。然后，它又会把第二个球果塞在这条裂缝里，继续敲打。然后是第三个、第四个……就这样，一直忙到天黑，它才离开。

严格遵循砍伐计划

很久以前，俄罗斯有句谚语：在森林里干活儿，离地狱不远了。从这句话我们可以想到，古时候樵夫的工作有多可怕。他们手持斧头，整年埋头在幽暗的大森林里。我们想想，一个人要有什么样的体力，才能一天到晚挥动着斧头砍树从不停歇呢？要有什么样的体魄，才能在寒风呼啸、冰天雪地的森林里劳作呢？而夜里，还要缩在没有烟囱的小屋子里，仅靠一件薄外套

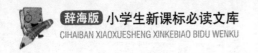

保暖！

可现在，所有的一切都改变了！连他们的名称也改了！现在，我们叫他们"伐木工人"。

当然他们再也不用挥舞斧头了，如今所有的工作都由机器来替人们做。

首先是履带拖拉机。这是个庞大的钢铁怪物，在人的操作下，它可以穿过密密的森林，轻而易举地将那些百年老树连根拔起，然后再将地面铲平，修出一条宽宽的道路。

随后，装在汽车上的流动发电站便会从这条道路上跑过去。跟在它后面的是手拿电锯的伐木工人。他们只要一按电锯的按钮，不用半分钟，一棵直径超过半米的老树就会被拦腰锯断！等这片树木全都被锯倒以后，流动发电站又会开往新的地方。而在它刚刚待过的地方，出现了一辆运树机。它伸出巨大的爪子，一下子抓起几十棵大树，把它们拖到木材运输路上。

在这条路上，一个司机正开着长长的运输车等在那里。不久，这些树木就会被装上车，运送到木材加工厂。在那里，工人们将这些木材加工整理成圆木、木板和木料纸浆。

你看，这多简单、多快捷！不过，在这样强大的技术条件下，我们必须遵循严格的砍伐计划，要不然，如果这么无止境地砍伐下去，即使最富有的森林也很快会变成荒漠！所以，每次我们刚砍下一片树木，便会立刻再造一片新林。

在集体农庄里

冬天来了，田里的工作都结束了。现在在集体农庄里，女人们忙着给牲畜布置家，男人们则为它们准备粮草。而更多的庄员们则去砍伐树木。孩子们也没闲着。白天他们把捕鸟的网子布置好，晚上回来，一边等鸟落网，一边读书、做作业。

我们的心眼儿可更多

一场大雪后，我们发现，老鼠在雪底下挖了一条长长的地道，一直通到了苗圃的小树前。可是我们的心眼儿比它们多多了。我们把每棵小树周围的雪都踩得结结实实的。这样老鼠就没有办法钻到小树跟前了。即使有些侥幸能钻出地面，很快也会被冻死的。

还有兔子，它们也常常在我们的果园边徘徊，伺机啃食树皮。我们也想出了对付它们的办法，那就是把每棵小树都用稻草或云杉枝围起来！

吊在细丝上的房子

冬天，我们经常会看到这么一种小房子，房子是用树叶做成的，墙壁薄薄的，最多只有一张纸那么厚，什么防寒设备也没有。最奇怪的是，它不是建在地面上，也不是建在树枝上，而是用一根细细的丝吊在果树上，风一吹还来回摇晃。

如果你见到这种小房子，一定要记得把它们取下来，烧掉！因为住在这种房子里面的都是一些坏家伙——苹果粉蝶的幼虫！如果让它们留下来过冬，那等到春天的时候，它们就会把果树的芽儿和花儿全都啃坏！

农场里的新居民

今年，在红旗集体农庄里，人们建起了一个养兽场。昨天，第一批小兽来到了这里，那是一群棕黑色的小狐狸。人们从四面八方跑来，欢迎这批新居民。

很多小狐狸都用怀疑的眼光看着这些欢迎的人群，只有一只例外，它漫不经心地瞅了大伙儿一眼，竟然舒舒服服地打了个哈欠。

树莓的被子

上个星期天，一个名叫米克的孩子到曙光

集体农庄去玩。在树莓旁边，他碰到了农庄

工作队的队长费多谢奇。

"老爷爷，您这些树莓不怕冻坏吗？"米克

假装内行地问道。

"冻不坏的。"

费多谢奇回

答，"在雪底

下，它们可以平平

安安地过冬。"

"在雪底下？"米克吃

103

惊地问，"老爷爷，您没说错吧？这些树莓比我还高呢！难道说，你认为会下这么大的雪吗？"

"呵呵，聪明的孩子，请你告诉我。难道冬天时，你盖的被子比你站起来还要高吗？"费多谢奇笑着问。

"这和我的身高有什么关系？"米克有些不屑地笑起来，"每个人都是躺着盖被子的。难道您不是吗？"

"我的树莓也是躺着盖被子的。"费多谢奇也笑起来，"不过，孩子，你是自己躺下的，而树莓是由我来帮它们躺下的。我把它们都弯在一起，绑起来，它们就躺下了。"

"老爷爷，原来你比我想象的聪明得多啊！"米克说。

104

"可惜，孩子，你却没有我想象中的聪明。"费多谢奇说。

农庄里的小帮手

现在，在集体农庄的仓库里，经常可以看到好多孩子。他们有的帮助挑选春播作物的种子，有的则在菜窖里帮忙，收拾马铃薯。

在马厩和铁工厂，也有许多孩子。还有牛栏、猪圈、养兔场和家禽栏里，也可以看到他们的身影。虽然他们的功课很忙，但他们总会抽出时间来农庄帮忙。

chéng shì xīn wén
城市新闻

huá xī lǐ dǎo qū de wū yā hé hán yā
华西里岛区的乌鸦和寒鸦

měi tiān xià wǔ　　dōu huì yǒu lái zì huá xī lǐ dǎo qū de dà pī wū
每天下午，都会有来自华西里岛区的大批乌

yā hé hán yā　　jù jí dào sī mì tè zhōng wèi qiáo xià yóu de bīng shang
鸦和寒鸦，聚集到斯密特中尉桥下游的冰上。

tā men zài nàr　　chāo chǎo nào nào　　hǎo yī zhènr　　hòu cái fǎn huí huá xī
它们在那儿吵吵闹闹，好一阵儿后才返回华西

lǐ dǎo shang de huā yuán li　　qù guò yè
里岛上的花园里去过夜。

qí guài de zhēn chá yuán
奇怪的侦察员

xiàn zài　　guǒ yuán hé fén chǎng de guàn mù hé qiáo mù dōu xū yào rén de
现在，果园和坟场的灌木和乔木都需要人的

bǎo hù　　kě shì　　tā men de xǔ duō dí rén　　rén lèi shì duì fu bù le
保护。可是，它们的许多敌人，人类是对付不了

de　　yú shì　　yuán dīng men zhǎo lái le yī qún tè shū de zhēn chá yuán
的。于是，园丁们找来了一群特殊的侦察员。

tā men de shǒu lǐng shì dài zhe hóng hóng de mào quān de wǔ cǎi zhuó mù
它们的首领是戴着红红的帽圈的五彩啄木

鸟。它的嘴就像一把长剑，能伸到最细小的树缝里。

这会儿，它正大声地发布着命令："快克！快克！"

随着一声声命令，飞来了各种山雀。有戴着尖顶高帽的凤头山雀，也有帽子上插着短钉的胖山雀，还有穿着浅黑色礼服的莫斯科山雀。另外，在这支队伍里，还有穿着浅褐色外套、嘴巴像锥子一样的旋木雀以及穿着天蓝色制服、系着白领结的䴓鸟。随后，在"司令官"的带领下，这支队伍出发了。

它们飞到果园，来到坟场，并且很快地找到了自己的位置。啄木鸟趴在树干上，用它那又尖又长的舌头，将躲在树皮里的害虫钩出来。币鸟头朝下，围着树干转起圈儿，只要看到哪条缝隙里有害虫，就把那柄锋利的短剑（它的嘴巴）刺进去。旋木雀伸长它那弯弯的小锥子，敲打着树干。青山雀成群结队在树枝上盘旋，没有一只害虫能逃过它们那锐利的眼睛和尖利的嘴巴。

"陷阱"餐厅

如今，我们那些美丽的"小朋友"——鸣禽，挨饿受冻的日子到了。请大家多关心关心它们吧！

如果你家有花园或院子，就请你为它们准备好防寒设备吧，让它们有个安身的地方！

你可以造一座小房子，再在房子的露台上放一些大麦、小米、面包屑、奶酪或是葵花籽，将它布置成一个餐厅的样子。用不了多久，就会有客人光顾的！如果你想让它们住下来，可以拿一根细铁丝或者细绳子，一头拴在露台的小门上，一头经过窗子，通到你的房间。它们吃东西的时候，你只要轻轻地拉一下铁丝或是绳子，小门就会"砰"的一声关上，它们就会被留在里面了！

狩猎
shòu liè

猎灰鼠
liè huī shǔ

你可能会说："一只灰鼠能有多大用？捉它干什么？"告诉你吧，对我们国家的狩猎事业来说，灰鼠比什么都重要！想想看，那华丽的灰鼠尾巴，可以做帽子、衣领、耳套和其他许多防寒用品。在我们国家，每年都要消耗掉几千捆灰鼠尾巴！而去掉了尾巴的灰鼠皮，用处就更大了，可以做大衣、披肩，又轻便又暖和！

所以，第一场雪过后，猎人们便出发去猎灰鼠了。他们或成群结队，或单独行动，在森林里一住就是几个星期。那儿有许多土窑和小房子，猎人们就在那儿过夜。每天天一亮，他们就套上又短又宽的滑雪板，在雪地上走来走去，忙着安置捕兽器或是布置陷阱。

不过，在猎灰鼠时，除了捕兽器这些设备，猎人们还需要一个伙伴——北极犬。它们就像猎人的眼睛，没了它们什么也干不成。

北极犬是我们这儿特有的猎狗，就冬天在森林里协助猎人打猎的本事来说，没有任何猎狗能赶得上它！

夏天，它会帮你把野鸭从芦苇丛里赶出来；秋天，它会帮你打松鸡或黑琴鸡；到了大雪纷飞的冬天，它又会帮你找到麋鹿和熊。不过，最令人惊奇的是，它能帮你找到灰鼠、貂、猞猁等这些住在树上的野兽。无论那些家伙躲得多么隐蔽，它都能帮你找出来！要知道，其他任何一种猎狗都没有这个本事的！

可是，北极犬既不会飞，也不会上树，它是怎么找到那些野兽的呢？原来，它有三件宝贝——灵敏的嗅觉、锐利的眼睛和机灵的耳朵。

灰鼠趴在树上，刚伸出爪子抓了一下树干，北极犬就已经察觉了——这儿有小兽！

灰鼠的身影刚在枝叶间一闪，北极犬的眼睛也已经看到了——它在这里！

一阵微风，把灰鼠的气味吹到了下面。北极犬的鼻子已经向主人报告了——它在那儿！

正是因为拥有了这三件法宝，所以很少有灰鼠能逃过北极犬的追捕。

不但如此，一只好的北极犬如果发现了灰鼠

的踪迹，绝不会扑上去，甚至连轻轻地摇晃一下树干也不肯，因为那样会把隐藏在树上的灰鼠吓走的！它们只是静静地蹲在树下，目不转睛地盯着灰鼠藏身的地方，直到主人端起枪。而这个时候，灰鼠的注意力早就被北极犬吸引过去了，根本注意不到悄悄走近的猎人！这时，猎人只需瞄准、扣动扳机就行了。

不过，还有一件事要注意，就是打灰鼠的时候不要用霰弹，而要用小铅弹，并且要尽量朝它的脑袋开枪，免得破坏灰鼠皮！

在整个冬天，只要雪不是太深，猎人们就会一直住在森林里，猎杀灰鼠。因为只要一到春天，它们就会脱毛了。

带着斧子去打猎

猎人们猎杀灰鼠，需要的是北极犬和猎枪。

可要是打白鼬、伶鼬什么的，就需要带着斧头了。道理很简单，因为北极犬只会找出白鼬、伶鼬或者水貂、水獭的藏身之地，至于怎么将它们从藏身的地方撵出来，就是猎人自己的事了。

不过，这件事做起来可不容易。这些小兽的家通常都安在地底下、乱石堆里或者树根底下，并且不到最后关头，它们是不会离开自己的家的！所以这个时候，猎人不得不亲自用铁棍伸进洞里搅动，或者用斧头劈开粗大的树根，敲碎冰冻的泥土，将它们赶出来。但是只要它们一出来，就无处可逃了！因为北极犬绝不会放过它们！它会猛扑过去，死死地咬住猎物，直到将它们咬死为止。

住在松鼠洞里的貂

貂是森林里最狡猾的动物之一，要想找出它们捕食鸟兽的地方并不太难。通常，那里的雪会被踩得稀烂，而且会有一些血迹。可是要想找到它们吃饱喝足后藏身的地方，就需要有一双锐利的眼睛，因为它们是在空中奔跑的。从这根树枝跳到那根树枝，从这棵树跳到那棵树。

不过如果细心观察，还是会发现一些痕迹：一些折断的小树枝、绒毛、球果、被抓下来的小块树皮。一个有经验的猎人凭着这些痕迹就能判断出它们在空中的行程，不过有时这段行程会很长，甚至达到几千米。所以即使一个有经验的猎

人也要非常注意，才能毫无差错地捕捉到它们的踪迹，将它们抓获。

那次，塞索伊奇发现了一只貂的痕迹，那是他第一次发现貂。当时他没带猎狗，于是便自己顺着那只貂留下的痕迹追了下去。黑夜来临时，这个小个子猎人还没有看到貂的影子。他找了块空地，升起一堆篝火，掏出一块面包嚼起来，好歹先熬过这个漫长的冬夜。第二天早晨，那些

痕迹把塞索伊奇带到一棵已经枯死的云杉前。在

这棵云杉的树干上，塞索伊奇发现了一个树洞。

真走运！那只貂肯定是在这个树洞里过夜的，而

且可能还没出来！于是，塞索伊奇拿起一根树枝

照着树干重重地敲了一下，然后赶紧端起枪，

准备等那家伙一蹿出来，就给它一枪！可是什

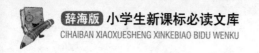

么也没有。他又举起树枝，狠狠地敲了一下，貂还是没出来。

"准是睡熟了！"塞索伊奇懊恼地想。

"出来吧，懒家伙！"说着，他又举起树枝，狠命地敲了一下！震得整片树林都响起来！可还是什么也没有。看来，那貂并没在树洞里。于是，塞索伊奇又仔细打量起那棵云杉树。这时他才发现，这棵树是空心的，在树干的另一边还有一个出口。那家伙一定是趁自己盯着树干时从这个出口逃走了。

塞索伊奇有些懊恼，只好接着往前追去。又一天过去了。天快黑时，塞索伊奇循着踪迹找到一个松鼠洞。雪地上有好些脚印，还有几块被抓下来的树皮。很明显，那家伙闯入了松鼠

洞，饱餐一顿后又离开了。塞索伊奇接着向前
追去，可那些痕迹好像消失了！"不能再追下
去了！昨天晚上已经吃光了最后一块面包。在
这黑暗的大森林里，一定会冻死的！"塞索伊奇
低声嘟囔着往回走去。"要是追上这家伙，只
要放上一枪，问题就都解决了！"说这话时，
塞索伊奇又来到了那个松鼠洞。他看了
看树下纷乱的脚印，气呼呼地端起枪，

也不瞄准，就朝洞里开了一枪！是呀！心中的怒火总得发泄一下呀！可是，什么东西从树洞里掉出来了！塞索伊奇弯下腰：竟然是一只身子细长的貂，还在不停地抽搐呢！看样子正是自己追踪的那只！

后来塞索伊奇才知道，这种情况是常有的：貂吃掉松鼠之后，便钻进暖和的松鼠洞，安安稳稳地睡起觉来！没想到，塞索伊奇误打误撞，还是解决了它。

黑夜中的黑琴鸡

12月中旬，森林里的积雪已经齐膝了！

那天，太阳刚刚下山，一群黑琴鸡蹲在光秃秃的白桦树枝上，望着玫瑰色的天空出神。突然，它们一只接一只从树枝上掉了下去，扑进雪地里，不见了！

天完全黑下来了。这是一个没有月亮的夜晚，漆黑漆黑的。塞索伊奇拿着捕鸟网和火把，来到了这块空地。浸过松脂的亚麻秆火把，发出刺刺啦啦的响声。他竖起耳朵，一面仔细倾听，一面慢慢地向前走着。忽然，在离他两步远的地方，一个黑乎乎的脑袋从雪底下钻出来！是一只黑琴鸡！明亮的火焰照得它睁不开眼睛，只好打起转儿来。这时，塞索伊奇张开捕鸟网，将这个家伙罩住了。就这样，整整一夜，他用这个办法捉到了许多黑琴鸡。

不过，这个办法只能在黑夜里用。白天，就需要开枪才能打到它们了！

图书在版编目（CIP）数据

森林报：扫码畅听版. 秋／（苏）维·比安基著；华育方舟编译. —上海：上海辞书出版社，2017.3

（辞海版小学生新课标必读文库）

ISBN 978-7-5326-4801-6

Ⅰ. ①森… Ⅱ. ①维… ②华… Ⅲ. ①森林—少儿读物 Ⅳ. ①S7-49

中国版本图书馆CIP数据核字(2016)第282413号

森林报·秋（扫码畅听版）

[苏]维·比安基　著　华育方舟　编译

责任编辑／静晓英　　　　　封面设计／张亚宁　哲　倧

封面绘图／张亚宁

上海世纪出版股份有限公司

辞书出版社出版

200040　上海市陕西北路 457 号　www.cishu.com.cn

上海世纪出版股份有限公司发行中心发行

200001　上海市福建中路 193 号　www.ewen.co

北京富达印务有限公司印刷

开本 890 毫米×1240 毫米　1/32　印张 4　字数 70 000

2017 年 3 月第 1 版　2017 年 3 月第 1 次印刷

ISBN 978-7-5326-4801-6/I·345

定价：13.80 元

本书如有质量问题，请与承印厂质量科联系。T：010-89590578